KATZENERZIEHUNG FÜR EINSTEIGER

Das große Katzenbuch Katzen verstehen und erziehen Alles über Katzentraining, Katzenfutter und Umgang mit dem Clicker

Annika Schulze

1. Auflage 2020

Softcover: 978-3-96967-026-2

Redaktion: Finn Alexander Dubbels

Lektorat: Matthias Kramer

Druck/Auslieferung: Amazon.com oder eine Tochtergesellschaft

Cover: Nynke van Holten - shutterstock.com

Impressum:

Eulogia Verlags GmbH
Nagelsweg 22a
20097 Hamburg
Deutschland

Wir wünschen viel Vergnügen beim Lesen!

KATZENERZIEHUNG FÜR EINSTEIGER

INHALTSVERZEICHNIS

Vorwort

Katzen sind bekannt dafür, ihren eigenen Kopf zu haben. Der „will to please", den Hunde an den Tag legen, fehlt den Stubentigern vollständig. Lange galt es daher als selbstverständlich, dass Katzen nicht erziehbar sind. Diese Meinung ist heute vollkommen widerlegt. Die Katzen lassen sich nicht gerne Befehle erteilen. Aber sie sind besonders empathisch und spüren die Stimmungen der Menschen sehr schnell. Und welche Katze will schon ständig in einem Haushalt mit verärgertem Personal leben.

Aber auch Katzen haben Spaß daran, neue Dinge auszuprobieren und zu lernen. Bevor jedoch die Katze etwas lernt, muss der Mensch das Verhalten der Katzen besser kennenlernen. Erfolgreiches Training beginnt also beim Menschen. Deshalb beschäftigen sich die ersten Kapitel mit der Herkunft der Katze und ihrer Sozialisation. Sie erhalten wertvolle Tipps für die Anschaffung einer Katze und die Grundausstattung, die Sie benötigen. Sind Sie sich des speziellen Wesens der Katzen einmal bewusst, können Sie beginnen, gemeinsam mit dem Stubentiger mit viel Spiel und Spaß zu trainieren. Das Training soll abwechslungsreich sein und die Katze nicht bevormunden. Sie muss Spaß daran haben, sonst wird sie nicht bereit sein, bei den Übungen mitzumachen. Eine gute Möglichkeit für ein solches Training ist das Clicker-Training. Deshalb wird in diesem Buch ausführlich das Konditionieren und das Lernen mithilfe eines Clickers beschrieben. Durch zahlreiche praktische Übungen erhalten Sie Tipps und Anregungen. Und vergessen Sie nie die Belohnung.

Gutes Training macht Katze und Mensch Spaß und lastet die Katze auch geistig aus. Es bringt Abwechslung in das oft langweilige Leben von Wohnungskatzen und stärkt die Bindung zwischen Katze und Mensch. Alle Übungen sind so beschrieben, dass sie für Katze und Mensch gleichermaßen gut verständlich sind. Anfänger finden Basis-Wissen und wertvolle Tipps. Auch Profis in der Katzenhaltung entdecken bestimmt etwas Neues in diesem Buch.

Und jetzt bleibt mir nur noch eines: Ich wünsche Ihnen viel Spaß beim Lesen des Buches und beim Ausprobieren des Trainings!

1. Katzen-Basiswissen

Katzen leben seit vielen tausend Jahren auf der Erde. Aufgrund ihrer Intelligenz haben sie sich bei kritischen Umweltveränderungen immer schnell an die neuen Gegebenheiten angepasst. Die Beziehung zum Menschen war für die intelligenten Jäger immer eine Erfolgsgeschichte, abgesehen von einigen Rückschlägen. Heute ist die Katze das beliebteste Haustier in Deutschland. Und die erfolgreiche Verbindung wird auch noch in Zukunft bestehen bleiben.

1.1 Wie die Katze zum Menschen kam

Die Geschichte von Katzen und Menschen reicht viele Jahre in die Vergangenheit zurück. Es ist fast 11 000 Jahre her, wo eine Falbkatze in der Jungsteinzeit die Vorteile der Gesellschaft von Menschen entdeckte. Mit Beginn der Landwirtschaft und dem Bau fester Häuser wurden die Beutetiere von den Getreidevorräten angelockt. Die Katze folgte ihrer Beute als opportunistische Jägerin. Menschen erkannten schnell die Vorteile der intelligenten Mäusejäger. Ab diesem Zeitpunkt war die Katze gerne in den Siedlungen der Menschen gesehen. Doch die Tiere bewahrten sich weiter ihre Wildheit und Unabhängigkeit. In Ägypten startete die Katze ihre göttliche Karriere. Katzen wurden als Abbild der Göttin Bastet verehrt. Sie trugen Halsbänder, hatten eigen Stühle und Geschirr zur Verfügung. Nach ihrem Tod wurden die Katzen einbalsamiert, damit sie ihr Leben im Totenreich fortsetzen konnten. Mit den Seefahrern erreichte die Falbkatze Europa und wurde immer mehr zur Freundin der Menschen. Da vor allem Frauen eine enge Beziehung zu den Katzen hatten, wurden diese zur Zeit der Hexenverfolgung als Teufels-symbol angesehen. Gemeinsam mit den Hexen wurden die Tiere gefoltert und verbrannt. Ab dem 18. Jahrhundert verbesserte sich die Beziehung zwischen den Menschen und den Katzen wieder. Die Tiere wurden als Jäger hoch geschätzt. Erhalten blieb der Aberglaube, dass schwarze Katzen Unglück bringen. Heute hat die Katze ihren Platz als beliebtestes Haustier in den Herzen der Men-schen erobert. Kratzbürste oder Kuscheltier, wildes oder anhängliches Wesen – jede Katze ist ein Individuum mit einem eigenen Charakter. Und ob Katzen wirklich Unglück bringen, wurde schon von Max O´Rell niedergeschrieben: »Ob eine schwarze Katze Unglück bringt oder nicht, hängt davon ab, ob man ein Mensch ist oder eine Maus.«

1.2 Katzen und ihr Personal

Im Unterschied zu Hunden haben Katzen keine Besitzer, sondern Personal. Und der Stubentiger beginnt bereits bei seinem Einzug in den Haushalt, sein Personal zu schulen. Die charakterstarken Tiere lieben es, die Puppen oder Menschen nach ihrer Pfeife tanzen zu lassen. Aber auch Katzen sind fähig zu einer engen Bindung. Sie spiegeln die Gefühle der Menschen und reagieren auf diese. Doch bei aller Sympathie wollen sie vor allem eines: Sich ihre Eigenständigkeit bewahren. Katzen lieben ihre Familie, aber deshalb sind sie nicht bereit, sich bevormunden zu lassen. Die wichtigste Grundlage der Beziehung ist immer der Respekt vor dem anderen. Die Katzen haben die Menschen dabei immer im Blick. Das heißt aber nicht, dass sie nicht bereit sind, zu lernen. Im Gegenteil: Die Stubentiger haben immer Spaß daran, gemeinsam mit ihrem Personal neue Dinge auszuprobieren. Sie lassen sich nur nichts aufzwingen. Aber macht ein Training wirklich Spaß, fordern sie die Menschen auch zu den Übungen heraus. Katzen wissen eben, was sie wollen.

1.3 Grundausstattung für eine glückliche Katze

Damit sich die Katze bei Ihnen wohlfühlt, benötigen Sie eine Grundausstattung, die sie noch durch verschiedene Annehmlichkeiten ergänzen können.

- Futterschüsseln für Trockenfutter und Nassfutter
- Wasserschüsseln
- Kratzbaum
- Katzenkörbchen
- Schlafkissen
- zwei Katzentoiletten
- Kamm und Bürste
- Spielzeug
- Katzengras
- Transportbox
- Fenstergitter
- Katzenstreu
- Katzenfutter

Zusätzliche Annehmlichkeiten:

- Trinkbrunnen
- Futterautomat
- Hängematte am Heizkörper
- Kletterbretter
- Fellpflegehandschuh für eine ausgedehnte Massage

1.4 Sieben vermeidbare Sünden der Katzenhalter

Katzen wird nachgesagt, dass sie sieben Leben haben. Aber stimmt das wirklich? Obwohl die meisten Katzen über eine robuste Gesundheit verfügen, können auch die Stubentiger krank werden. Damit Ihre Katze ein langes und glückliches Katzenleben führen kann, sollten Sie folgende sieben Sünden unbedingt vermeiden:

1.4.1 Übergewicht

Katzen besitzen den Stoffwechsel eines Jägers und Fleischfressers. Ihr Körper ist darauf ausgerichtet, mehrmals täglich eine Beute zu fressen. Energiespeicherung zur späteren Verwendung wurde von der Natur nicht vorgesehen. Heute werden die Katzen häufig mit industriell hergestelltem Katzenfutter ernährt. Und das Futter wird den ganzen Tag über angeboten. Da Katzen über kein natürliches Sättigungsgefühl verfügen, fressen sie ständig. Da das meiste Katzenfutter Zucker, Getreide und Soja enthält, steigt das Körpergewicht unaufhaltsam an. Dem Fleischfresser steht nur in geringem Maß tierisches Eiweiß zur Verfügung. Zivilisationskrankheiten sind die Folge. Durch das ungesunde Futter wird die Bauchspeicheldrüse ständig verstärkt belastet. Die Katze beginnt, unter Diabetes mellitus (Zuckerkrankheit) zu leiden. Das Übergewicht belastet die Wirbelsäule und die Gelenke. Arthrosen entstehen. Jede Bewegung verursacht Schmerzen. Wird mit dem Futter zu viel Energie zugeführt, beginnen sich in der Leber Fette einzulagern. Die Katze besitzt aber nicht, wie andere Tiere, ein Enzym, das es ihr ermöglicht, die gespeicherten Fette später zur Energiegewinnung zu nutzen. Die Leber verfettet immer stärker. Leberversagen und der Tod sind die Folge.

1.4.2 Einzelhaltung

Katzen sind sehr soziale Tiere. In der freien Natur leben sie in Gruppen zusammen. Nur bei der Jagd ist die Katze ein Einzelgänger. Katzen wollen kuscheln, spielen und anderen sozialen Aktivitäten nachgehen. Der Mensch kann da nur teilweise Ersatz bieten. Ist die Katze auch noch die meiste Zeit alleine in der Wohnung, stellt sich schnell Langeweile ein. Sie verbringt die Stunden dösend in ihrem Körbchen. Langeweile bedeutet aber auch Stress für die Katze. Sie bewegt sich zu wenig und ist geistig unterfordert. Verhaltensstörungen treten auf. Einige Katzen werden unsauber. Die Katze mit einem Hund, einem Kaninchen oder einem Meerschweinchen zu vergesellschaften, ist nicht wirklich eine Hilfe. Die Sprache anderer Tiere ist viel zu unterschiedlich und es kommt schnell zu Missverständnissen. Katzen sollten daher immer zu zweit gehalten werden, damit sie ihre sozialen Bedürfnisse voll ausleben können.

1.4.3 Fehlende Zeit

Ihre Katze hat den ganzen Tag auf Sie gewartet? Endlich kommen Sie nach Hause. Doch Sie müssen noch arbeiten oder einige Dinge vorbereiten. Für den Stubentiger ist keine Zeit. Auf diese Situation kann sich die Katze nicht einstellen. Sie benötigt die Zuwendung dringend. Nehmen Sie sich also Zeit und verwöhnen Sie sie mit Streicheleinheiten oder einer Spieleinheit. Dadurch verhindern Sie, dass Ihre Katze unter Depressionen leidet.

1.4.4 Keine regelmäßige Pflege

Körperpflege ist besonders wichtig, auch für Katzen. Das Fell muss gebürstet und die Krallen müssen regelmäßig gekürzt werden. Findet die Fellpflege nicht regelmäßig statt, beginnen die Haare der Unterwolle zu verfilzen. Es bilden sich Knoten und später Fellplatten. Die Haut wird nicht mehr richtig durchlüftet und beginnt zu schuppen. Juckende Ekzeme (Hautentzündungen) entstehen. Die Katze versucht, sich die Fellknoten mit den Zähnen auszureißen. Dabei kann die Haut verletzt werden.

Die Krallen wachsen ebenso wie unsere Nägel das ganze Leben lang. Hat die Katze keine Möglichkeit, die Krallen zu schärfen und abzunutzen, wachsen diese in die Ballen der Pfoten ein. Schmerzhafte, eitrige Wunden sind zu sehen. Die Katze kann beim Laufen kaum mehr auftreten.

Ebenso wichtig ist die Zahnpflege. An der Außenseite der Zähne lagern sich Bakterien und Futterreste ab. Da die meisten Katzen keine Beutetiere mehr erlegen, können sie die Beläge nicht mehr durch Kauen am Fell der Beute entfernen. Das Zahnfleisch entzündet sich. In die Beläge werden Mineralstoffe aus dem Speichel eingelagert. Zahnstein ist entstanden. Die Bakterien dringen immer weiter unter das Zahnfleisch in Richtung Zahnhals vor. Die Entzündung schädigt die Zahnwurzeln. Die Zähne brechen ab oder fallen aus.

1.4.5 Keine Tierarztbesuche

Regelmäßige Tierarztbesuche sind eine gute Vorsorge. Die Katze wird vollständig untersucht und im Bedarfsfall auch geimpft und entwurmt. Krankheiten werden früh erkannt, bevor schwere Schäden an den inneren Organen auftreten. Bei alten Katzen sollten regelmäßig geriatrische Vorsorgeuntersuchungen durchgeführt werden. Eine Blutuntersuchung gibt Auskunft über den Funktionszustand der Organe. Vor allem bei Nierenschwäche ist es wichtig, rechtzeitig eine Diagnose zu stellen. Da die Erkrankung nicht geheilt werden kann, ist eine frühe Diagnose wichtig, um den Verlauf hinauszuzögern. Bei der

Vorsorgeuntersuchung wird auch der Zustand von Herz und Lunge beurteilt und der Blutdruck wird ebenfalls gemessen.

1.4.6 Stress

Nicht nur Menschen leiden unter Stress. Auch auf Katzen hat lange andauernder Stress negative Auswirkungen. Dabei können unterschiedliche Faktoren Stress verursachen:

- laute Geräusche
- fremde Personen in der Wohnung
- Besuche beim Tierarzt
- Umstellung des Futters
- Krankheiten

Stress hat immer auch körperliche Auswirkungen. Das Immunsystem wird geschädigt und funktioniert nicht mehr korrekt. Die Anfälligkeit für Erkrankungen steigt schnell an. Durch den Stress können Herzerkrankungen und Nierenerkrankungen ausgelöst werden. Auch das Verhalten der Katze verändert sich. Sie wird misstrauisch und ängstlich. Die ständige Anspannung verursacht weiteren Stress – ein Teufelskreis!

1.4.7 Fehlende Erziehung

Katzen sind intelligente und unabhängige Tiere. Aber auch sie sind auf feste Regeln angewiesen. Auch in der Natur sind innerhalb der Katzengruppe die Regeln genau festgelegt. Sie werden vor allem von der Rangordnung bestimmt. Für eine Katze, die in der Wohnung gehalten wird, ist es genauso wichtig, eine Struktur für das Zusammenleben mit den Menschen zu haben. Das Zauberwort hier heißt: Konsequenz. Alle Familienmitglieder müssen sich einig sein. Verbote gelten immer. Dabei ist es wichtig, die Katze nicht über Verbote und Strafen zu erziehen. Am schnellsten wirkt eine liebevolle Erziehung über Belohnung. Hat die Katze den Vorteil eines erwünschten Handelns erkannt, wird sie es immer wieder durchführen. Unerwünschte Handlungen laufen durch das Ignorieren ins Leere. Sie werden mit der Zeit nicht mehr ausgeführt, da sie der Katze keinen Vorteil bringen. Je besser eine Katze erzogen ist, umso einfacher und stressfreier gestaltet sich das Zusammenleben: für die Katze ebenso wie für den Menschen.

2. Entscheidungshilfen vor der Anschaffung

Bevor eine Katze aufgenommen wird, sollten einige Dinge gründlich überlegt werden. Sind Sie eher ein Hundemensch oder ein Katzenmensch? Wollen Sie ein Tier, das Sie bewundert und immer alles tut, um Ihnen zu gefallen? Oder wollen Sie eine unabhängige Katze, die ihren eigenen Willen hat und diesen auch durchsetzt? Sie haben sich für die Aufnahme einer Katze entschieden? Dann sollten Sie folgende Punkte beachten:

2.1 Katze ist Katze? Unterschiede und Eigenheiten

Jede Katze hat einen individuellen Charakter. Auch wenn gewisse Eigenschaften innerhalb einer Katzenrasse häufig vorkommen, existieren doch individuelle Unterschiede. Damit Sie eine Entscheidung fällen können, welche Katze für Sie geeignet ist, sind in der folgenden Tabelle die wesentlichsten Charakterzüge, Informationen über charakteristisches Verhalten und Fellstruktur angeführt.

KATZENRASSE	CHARAKTER	FELL	FÜR ALLERGIKER GEEIGNET
Perser	ruhig	langhaarig	nein
Siamkatze	laut, sozial, braucht eine zweite Katze	kurzhaarig	ja
Maine Coon	freiheits- liebend, braucht viel Platz	langhaarig	nein
Europäisch Kurzhaar	verspielt, verschmust	kurz	Einge- schränkt
Europäisch Langhaar	verspielt, anhänglich	lang	Nein
Rex-Katze	eigensinnig	keines	Ja
Britisch Kurzhaar	ruhig, sozial, verspielt	kurz	Nein
Britisch Langhaar	intelligent, verspielt	lang	nein

Ob Menschen auf Katzen allergisch reagieren, hängt nicht nur von der Struktur des Fells ab. Allergien werden durch Hautschuppen ausgelöst. Daher können auch bei der Haltung von Nackt- katzen Allergien auftreten. Es ist sogar möglich, dass Sie auf eine Perserkatze allergisch reagieren, auf eine andere allerdings nicht. Überprüfen Sie durch Besuche bei dem Züchter oder im Tierheim, ob der Kontakt zu der Katze bei Ihnen eine Allergie auslöst.

2.2 Züchter oder Tierheim

Das Aussehen Ihrer Katze ist Ihnen wichtig? Eine bestimmte Katzenrasse hat bereits Ihr Herz erobert? Dann sollten Sie sich an einen beim internationalen Verband für die Zucht und Haltung von Edelkatzen registrierten Züchter wenden. Sie haben sich noch nicht entschieden? Besuchen Sie doch ein Tierheim und informieren Sie sich über Katzen, die ein neues Zuhause suchen. Eine Katze kann auch aus einer Privatvergabe aufgenommen werden. Vielleicht kennt der Tierarzt in der Nachbarschaft eine Katze, die einen neuen Platz benötigt. Werden bei Inseraten im Internet viele verschiedene Katzen angeboten, ist Vorsicht wichtig. Die Katzen stammen häufig aus schlechten Haltungen in östlichen Ländern und sind nicht geimpft und krank. Häufig werden die Katzenwelpen zu früh von der Mutter getrennt.

2.2.1 Eine Katze vom Züchter

Die Zucht von Katzen unterliegt strengen Regelungen. Der Züchter muss die Elterntiere auf Erbkrankheiten untersuchen lassen. Katzenwelpen werden erst mit zwölf bis 16 Wochen von der Mutterkatze getrennt. Dadurch haben sie bereits ein gutes soziales Verhalten erlernt und sind in der Lage, sich in die neue Familie einzufügen. Vor der Abgabe werden die Katzen mit einem Chip gekennzeichnet, geimpft und entwurmt. Bei Problemen können Sie sich auch nach dem Kauf immer an den Züchter wenden, der Ihnen beratend zur Seite steht.

2.2.2 Eine Katze aus dem Tierheim

In den Tierheimen warten viele Katzen auf eine neue Familie. Alle Altersgruppen sind vertreten. Rassekatzen finden Sie im Tierheim eher selten. Am häufigsten werden Hauskatzen oder andere Mischlinge vergeben. Die Mitarbeiter des Tierheims kennen die Katzen sehr gut. Sie beraten und helfen Ihnen dabei, die passende Katze für Sie zu finden. Sie sind auf der Suche nach einer zweiten Katze? Dann können Ihnen die Mitarbeiter des Tierheims sicher eine gut sozialisierte Katze vermitteln. Die Vergesellschaftung fällt leichter. Die Katzen werden im Tierheim vor der Abgabe gechipt, untersucht, geimpft und entwurmt. Gesundheitliche Probleme sind den Mitarbeitern in den meisten Fällen bekannt.

Katzen im Tierheim warten sehnsüchtig auf eine neue Familie. Sie wollen Liebe geben und geliebt werden. Hat sich die Katze einmal emotional an Sie gebunden, wird sie dankbar sein und Ihnen viele Jahre ihre Liebe beweisen.

2.3 Hund, Katze, Maus – Vergesellschaftung des Neuzugangs

Katzen sind sehr soziale Tiere. Ein Leben in Einzelhaltung kann zu Verhaltensstörungen führen, da die Katze keine Möglichkeit hat, ihr natürliches Bedürfnis nach Gesellschaft auszuleben. Kommen zwei Katzenwelpen in die Familie, ist die Vergesellschaftung kein Problem. Ist bereits eine erwachsene Katze im Haushalt vorhanden, sollten Sie einige Punkte beachten. Noch schwieriger ist es, Katzen mit anderen Tierarten zu vergesellschaften. Hat der Stubentiger noch nie einen Hund gesehen, kommt es sicher bei der ersten Begegnung zum Abwehrverhalten. Noch komplizierter ist es, wenn Ihre Katze mit Beutetieren, wie Mäusen, Ratten, Hamstern oder Vögeln, zusammenleben soll.

2.3.1 Vergesellschaftung von Katzen

Katzen sind sehr soziale Wesen. Sie spielen und kuscheln gerne und betreiben auch eine gemeinsame Fellpflege. Trotzdem kann es bei Erstkontakten zu Problemen kommen. Um diese zu vermeiden, sollten Sie einige Vorbereitungen treffen.

Zwingen Sie die Katzen nicht zu einem Kontakt. Sind beide Katzen gut sozialisiert, können Sie die Transportbox einfach in ein Zimmer stellen. Öffnen Sie die Türe der Box und überlassen Sie es den Katzen, wann sie miteinander Kontakt aufnehmen.

Können Sie nicht abschätzen, wie Ihre bereits vorhandene oder die neue Katze reagiert, sollten Sie die Tiere am Anfang trennen. Bringen Sie die neue Katze in einen Raum und schließen Sie die Türe. Warten Sie einige Zeit, bis die Katze das Zimmer für sich erobert hat. Füttern Sie die beiden Katzen in den ersten Tagen getrennt. Damit die neue Katze den Reviergeruch schneller annimmt, können Sie beide Tiere mit derselben Bürste kämmen. Nach einigen Tagen lassen Sie einfach die Türe einen Spalt offen. Den Rest übernehmen die beiden Katzen selbst.

Um die erste Begegnung angenehmer zu gestalten, sollten Sie:

- die Futtermenge erhöhen.
- zusätzliche Verstecke einrichten, damit sich jede Katze zurückziehen kann.
- die Futter- und Wasserplätze trennen.
- beide Katzen gleich behandeln, damit keine Eifersucht aufkommt.
- sich nicht in kleine Streitigkeiten einmischen: Die Katzen müssen die neue Rangordnung erst festlegen.

Verwöhnen Sie beide Katzen gleich bei der ersten Begegnung mit besonderen Leckerbissen. Die Situation ist dadurch für beide Katzen positiv besetzt.

Normalerweise verläuft die Vergesellschaftung von Katzen in fünf Phasen:

- Ablehnung
- Duldung
- Erkundung
- Zusammenfinden
- Integration

Reagieren Sie nie auf Streitigkeiten in der Ablehnungsphase. Mischen Sie sich nur ein, wenn heftige körperliche Auseinandersetzungen zu Verletzungen führen können. Unterbrechen Sie auf keinen Fall die tägliche Routine, damit die bereits vorhandene Katze nicht verunsichert wird. Sind die Auseinandersetzungen beendet, tolerieren sich die beiden Katzen. Verteilen Sie die Streicheleinheiten gleichmäßig. Unterschiede könnten die Auseinandersetzungen wieder aufflammen lassen. In den folgenden Wochen kommen sich die Katzen immer näher. Sie lernen sich kennen und entwickeln auch Zuneigung füreinander. Jetzt werden Schlafplätze und Spielzeug gemeinsam genutzt. Auch die gemeinsame Fütterung ist problemlos möglich.

Schwieriger ist es, eine scheue Katze zu integrieren. In diesem Fall sollten Sie die Katze unbedingt mehrere Tage in einem gesonderten Raum unterbringen. Sorgen Sie für ausreichend Versteckmöglichkeiten. Sie können zum Beispiel Kartons an die Wand stellen. Schneiden Sie an der Vorderseite ein Loch in den Karton, damit die Katze sich jederzeit darin verstecken kann. Erst wenn sie hervorkommt, das Zimmer untersucht und auch zu Ihnen Vertrauen gefasst hat, können Sie vorsichtig mit der Vergesellschaftung beider Katzen beginnen.

2.3.2 Vergesellschaftung von Katzen und Hunden

Hund und Katze sind in ihrer Sprache sehr verschieden. Obwohl immer wieder Missverständnisse auftreten, können beide Tiere trotzdem gute Freunde werden. Am einfachsten kann eine Vergesellschaftung erfolgen, wenn bereits eine Prägung auf die andere Tierart in den ersten Lebenswochen stattgefunden hat. Es ist auch immer einfacher, eine Katze in einen Hundehaushalt zu integrieren als umgekehrt. Hunde sind Rudeltiere, die Ihrem Menschen gefallen wollen. Sie sind auch bereit, einer Katze einen Platz im Rudel einzuräumen.

Probleme bei der Vergesellschaftung können auch bei einigen Hunderassen auftreten. Ein Greyhound kann nicht mit Katzen vergesellschaftet werden.

Die Hunderasse wurde speziell für Hunderennen gezüchtet. Für das Training wurden früher Katzen verwendet. Ebenso problematisch kann die Vergesellschaftung mit einem Terrier sein.

2.3.2.1 Der Hund kommt in den Katzenhaushalt

Nehmen Sie eine Decke, die den Geruch des Hundes hat, mit in die Wohnung. Hat Ihre Katze noch keine Erfahrungen mit Hunden, kann sie so zuerst den Geruch des neuen Familienmitglieds kennenlernen. Nehmen Sie das Bellen des Hundes mit dem Handy auf. Spielen Sie es der Katze zuerst leise, später immer lauter vor. Bei der ersten Begegnung sollte der Hund immer angeleint sein, damit er nicht auf die Katze zustürzt. Lassen Sie beiden Tieren Zeit, sich kennenzulernen.

2.3.2.2 Die Katze kommt in den Hundehaushalt

Richten Sie für die Katze einen eigenen Raum ein, zu dem der Hund keinen Zutritt hat. Geht der Hund Gassi, kann die Katze auch die übrige Wohnung erkunden. Füttern Sie den Hund und die Katze vor der ersten Begegnung. Achten Sie auf ein stressfreies Umfeld. Halten Sie besondere Leckerchen bereit, damit das erste Aufeinandertreffen zu einem positiven Erlebnis wird. Ignorieren Sie Scheinattacken. Finden häufig Angriffe statt, können Sie die Situation mit einem Markersignal (Geräusch, Klatschen in die Hände) entschärfen.

Allgemeine Voraussetzungen für die Vergesellschaftung von Katze und Hund:

- Füttern Sie die Tiere getrennt: Stellen Sie die Futterschüssel der Katze auf einen erhöhten Platz

- Die Katzentoilette ist für den Hund verboten.

- Die Katze muss immer die Möglichkeit haben, sich zurückzuziehen und das Zimmer zu verlassen.

- Hund und Katze sollten vom Alter und vom Temperament her zueinander passen.

- Beide Tiere bekommen die gleiche Zuwendung, damit keine Eifersucht das Kennenlernen stört.

- Begegnungen dürfen nicht erzwungen werden.

- Brechen Sie die erste Begegnung nach wenigen Minuten ab. Steigern Sie die Zeit des Beisammenseins langsam.

2.3.3 Vergesellschaftung von Katzen und anderen Tierarten

Katzen mit Beutetieren zu vergesellschaften, ist fast nicht möglich. Bei Bewegungen der Beute erwacht in der Katze der natürliche Jagdinstinkt. Dieser kann nicht abtrainiert werden. Nur selten entstehen Freundschaften zwischen Beute und Jäger.

Eine Möglichkeit bietet die Prägung in den ersten Lebenswochen. Lernt die Katze in dieser Zeit Mäuse, andere Nagetiere oder Vögel kennen, wird sie diese nicht mehr als Beute betrachten. Das gilt aber nicht automatisch für alle Beutetiere. Außerdem muss das Verhalten der Katze ständig trainiert werden. Am sichersten ist es, die Beutetiere in einem Käfig unterzubringen. Dieser sollte so aufgestellt werden, dass die Katze keine Möglichkeit hat, zu dem Käfig zu gelangen. Denn eines sollten Sie nicht vergessen: Auch wenn die Katze die Beute ignoriert, bedeutet für diese Tiere der Geruch und die Anwesenheit einer Katze massiven Stress.

3. Sie will doch nur spielen

Was bei einem Katzenwelpen noch süß wirkt, ist bei einer erwachsenen Katze oft sehr unangenehm. Klettert ein Katzenbaby Ihr Bein hoch, ist das nicht weiter schlimm. Unternimmt eine erwachsene Katze mit einem Körpergewicht von fünf Kilogramm die Kletterpartie und schlägt dabei ihre Krallen in Ihre Haut, ist das schmerzhaft und unangenehm. Damit das Zusammenleben reibungslos klappt, müssen also auch Katzen von Geburt an erzogen werden.

3.1 Können Katzen erzogen werden?

Damit eine Erziehung erfolgreich stattfinden kann, muss eine Bindung zwischen Katze und Mensch bestehen. Eine Katze, die gerade erst eingezogen ist, benötigt Zeit für die Eingewöhnung. Gerade bei Katzenwelpen ist es besonders wichtig, Geduld zu haben. Die kleine Katze ist zum ersten Mal von ihrer Mutter und den anderen Geschwistern getrennt worden. Sie befindet sich in einer neuen Umgebung, in der alle Gerüche fremd sind. In dieser stressigen Situation ist die Katze nicht bereit zu lernen. Erst dann, wenn sie sich an die neue Familie gewöhnt und Vertrauen gefasst hat, kann mit konsequenter Erziehung begonnen werden.

Was ist bei der Erziehung einer Katze besonders wichtig?

Üben Sie nie Druck aus. Drängen Sie Ihre Katze nicht, bestimmte Übungen durchzuführen. Fühlt sich der Stubentiger nicht wohl, macht er einfach nicht mehr mit. Ein Lernerfolg ist so nicht zu erreichen. Auch Strafen sind völlig fehl am Platz. Durch eine Bestrafung wird nur das Vertrauensverhältnis nachhaltig gestört. Die Katze wird sich Ihnen nicht mehr nähern. Geschweige denn sich an irgendwelchen Unternehmungen beteiligen. Probieren Sie es lieber mit Lob und Erfolg. Sieht sich die Katze in ihrem Verhalten bestätigt, wird sie es immer wieder ausführen. Denn auch der Stubentiger braucht Erfolgserlebnisse für ein glückliches Katzenleben.

Das Geheimnis: positive Verstärkung

Konsequenz, Liebe und Belohnung sind die Basis jeder guten Katzenerziehung. Ihre Katze muss erkennen, dass das erwünschte Verhalten auch für sie von Vorteil ist. Belohnen Sie Ihre Katze immer, wenn sie die Krallen nicht an den Möbeln, sondern am Kratzbaum schärft, brav die Katzentoilette benutzt oder beim Training interessiert und aktiv mitmacht. Die Belohnung richtet sich nach den individuellen Vorlieben des Stubentigers. Sie kann aus Leckerchen, Streicheleinheiten oder einer Schmuseeinheit bestehen. Versuchen Sie also, vor jedem Training herauszufinden, welche Belohnung von Ihrer Katze bevorzugt wird. Die Belohnung muss immer innerhalb weniger Sekunden erfolgen, damit eine Verknüpfung erfolgen kann.

Angeborenes Verhalten kann nicht abgewöhnt, sondern nur umgeleitet werden

Kratzen gehört zu den natürlichen Bedürfnissen einer Katze. Sie schärft ihre Krallen und bringt innerhalb des Reviers Kratzmarkierungen an, die ihren Besitzanspruch deutlich machen. Es ist also unmöglich, der Katze abzugewöhnen, zu kratzen. Doch muss sie das Verhalten an Möbeln ausleben? Eindeutig nein. Leiten Sie das Verhalten um und bieten Sie Ihrer Katze den Kratzbaum oder Kratzmatten als interessante Alternative an. Belohnen Sie sie jedes Mal, wenn sie den Kratzbaum benutzt und an den Sisalsäulen kratzt. Gestalten Sie das Kratzmöbel mit Catnip attraktiver. Stellen Sie den Kratzbaum nicht in einer toten Ecke auf. Auch die Katze möchte im Mittelpunkt des Geschehens stehen. Mit Konsequenz lernt Ihr Stubentiger schnell, dass das Schärfen der Krallen am Kratzbaum Vorteile bringt. Die Möbel werden nicht mehr beachtet.

Wildes Spielen unerwünscht

Auch wenn Sie gerne mit Ihrer Katze spielen, die Kratzer an den Händen und die Bisse sind unangenehm. Katzen sind oft an ein wildes Spiel mit Artgenossen gewöhnt. Vor allem Kater neigen zu wildem Spielverhalten. Und ist der Jagdtrieb einmal geweckt, wird eben auch zugebissen. Für die empfindliche Haut eines Menschen sehr unangenehm. Wie aber der Katze das Beißen und Kratzen abgewöhnen? Wird Ihre Katze zu wild, unterbrechen Sie einfach das Spiel. Ignorieren Sie den Stubentiger, bis er sich wieder beruhigt hat. Dann können Sie wieder mit dem Spiel beginnen. Welche Lektion lernt die Katze? Ich möchte mit meinem Menschen spielen. Wenn ich die Krallen ausfahre, ist das Spiel beendet. Daraus ergibt sich eine Konsequenz: Die Krallen werden bei Berührung der Haut nicht mehr aus den Krallentaschen ausgefahren.

Welche Fehler sollten bei der Erziehung unbedingt vermieden werden?

- Schreien Sie nicht: Ihre Katze hat ein empfindlicheres Gehör.
- Vermeiden Sie Strafen.
- Schimpfen Sie die Katze nicht aus.
- Wenden Sie nie Gewalt an.
- Zwingen Sie die Katze nicht zu Dingen, die sie nicht tun will oder die ihr unangenehm sind.
- Fassen Sie der Katze nicht in den Nacken.

Obwohl Erziehung für ein gutes Zusammenleben unbedingt erforderlich ist, sollte Ihre Katze immer die Möglichkeit haben, Katze zu sein. Tolerieren Sie die natürlichen Bedürfnisse Ihrer Katze und begegnen Sie ihr mit Liebe und Respekt. Dadurch entsteht eine Bindung, deren Grundlage ein tiefes Vertrauen ist. Mit dieser Basis können Sie Ihrer Katze auch verschiedene Tricks, zum Beispiel mit Clicker-Training, beibringen. Und Sie beide werden Spaß daran haben.

3.2 Wie lese ich meine Katze?

Um Ihre Katze zu erziehen, sollten Sie ihr Verhalten genau kennen. Verständnis ist die Basis jeder guten Beziehung und jedes guten Trainings. Und die Katzensprache zu lernen, ist gar nicht so schwer.

Wie verständigen sich Katzen?

Die Katzensprache besteht aus vier Komponenten:

- Duftsprache
- Kratzsprache
- Körpersprache
- Lautsprache

Für die Beurteilung der Stimmung des Stubentigers sind vor allem die Körpersprache und die Lautsprache von Bedeutung. Damit es im Zusammenleben nicht zu Missverständnissen kommt, sollten Sie also eine Fremdsprache „Katzisch" lernen. Das ist gar nicht so schwer. Mit den folgenden Grundlagen können Sie das Verhalten Ihrer Katze gut interpretieren. Ein längeres Zusammenleben trägt dann zur Vertiefung der Kenntnisse bei.

3.2.1 Körpersprache

Katzen sind sehr kommunikativ. Sie sprechen gerne mit ihren Artgenossen und ihrer Familie. Dazu setzen sie ihre ausgeprägte Mimik und den ganzen Körper ein.

Ich bin entspannt:

Die Katze liegt auf der Seite. Ihre Augen sind halb geschlossen und sie döst vor sich hin. Die Pfoten sind lang vom Körper weggestreckt. Manche Katzen dösen entspannt in Brustlage. Die Pfoten sind unter dem Körper eingezogen.

Ich bin misstrauisch:

Der Körper ist angespannt. Die Schwanzspitze bewegt sich ständig hin und her. Die Ohren sind aufgestellt und die Augen halb geschlossen. Die Katze beobachtet dabei die Umgebung ganz genau. Sie kann sofort auf einen Angriff reagieren.

Ich bin verärgert:

Die Katze macht sich größer, indem sie einen Katzenbuckel formt. Alle Haare stehen vom Körper ab, der Schwanz ist buschig. Die Ohren sind nach hinten an den Körper angelegt, der Mund ist geöffnet. Der Schwanz bewegt sich schnell. Jetzt heißt es, Abstand halten, sonst folgt ein Angriff. Kurz vor dem Angriff verengen sich die weit geöffneten Augen der Katze, sie pfaucht.

Ich möchte mehr:

Die Katze stupst Sie mit der Pfote und dem Kopf an. Sie möchte mehr Streicheinheiten oder Spieleinheiten.

Spiel mit mir:

Die Katze formt einen Buckel und läuft seitwärts. Der Schwanz ist aufgestellt. Jetzt ist auch der beste Zeitpunkt, mit einer Spiel- oder Trainingseinheit zu beginnen.

Wichtig: Achten Sie immer auf die Augen Ihrer Katze. Wenn sie Sie lange Zeit anschaut, ist das niemals freundlich gemeint. Ein langer Blickkontakt ist immer der Vorbote eines Angriffs. Das gilt natürlich auch umgekehrt. Katzen lieben es nicht, angestarrt zu werden. Schauen Sie also Ihrem Stubentiger nie lange in die Augen.

Katzen können auch mit ihren Augen lächeln. In diesem Fall blinzelt Ihnen die Katze zu. Blinzeln Sie doch einfach zurück.

3.2.2 Lautsprache

Ihre Katze spricht mit Ihnen. Wenn es auch bereits Ideen für Apps gibt, die die Katzenlaute in die Menschensprache übersetzen sollen, wird das sicher noch einige Zeit in Anspruch nehmen. In der Zwischenzeit sollten Sie genau hinhören, damit Sie verstehen, was Ihnen die Katze sagen möchte.

Das „Miau" hat unglaublich viele Facetten. Es reicht von einer Aufforderung zum Kuscheln bis zur Empörung, wenn sich noch kein Futter in der Schüssel befindet. Als Warnung wird ein lautes Fauchen erzeugt. Sitzen Katzen am Fenster und halten nach Beute Ausschau, schnattern sie manchmal.

Vielseitig ist dagegen die Bedeutung des Schnurrens. Nicht jede Katze, die schnurrt, fühlt sich auch wohl. Katzen schnurren beim Tierarzt aus Angst. Sie tun es auch, um sich zu entspannen und die Selbstheilungskräfte ihres Körpers zu aktivieren. Die Frequenz des Schnurrens kann bis zu 28 Hertz betragen und wirkt auch auf Menschen entspannend und beruhigend.

3.3 Katzentraining – auch für Anfänger

Katzentraining ist nicht nur etwas für Profis. Auch Anfänger können eine Katze erziehen und mit ihr Tricks einstudieren. Wichtig ist, immer mit Geduld und Behutsamkeit vorzugehen. Eine Katze lässt sich zu nichts zwingen. Sie können ihr aber das Training mit Leckerchen und Streicheleinheiten schmackhaft machen. Jedes Training muss ausschließlich auf positiver Verstärkung beruhen. Strafen ziehen nur einen Misserfolg nach sich. Nutzen Sie für die positive Verstärkung doch einen Clicker. Sie werden erstaunt sein, wie schnell Ihre Katze Spaß am Training hat.

Bereiten Sie als Erstes die Basis für die Beziehung vor: Vertrauen und Liebe.

Beginnen Sie schon bei einem Katzenwelpen mit einfachem Training. Die meisten Katzen sind von Natur aus sauber. Trotzdem sollten Sie der Katze die Katzentoilette zeigen. Setzen Sie sie einfach in die saubere Toilette. Normalerweise genügt es, das ein einziges Mal zu tun. Im Bedarfsfall wiederholen Sie die Übung einfach. Und nicht vergessen: Loben Sie die Katze, wenn Sie die Toilette benutzt.

Schon früh sollten Sie Ihrer Katze beibringen, nicht zu wild zu spielen. Spielen Sie Jagdspiele also nicht direkt mit den Fingern, sondern mit einer Katzenangel. Kratzt die kleine Katze, beenden Sie das Spiel.

Ihr Stubentiger will immer wieder an Ihrem Bein hochklettern? Nehmen Sie die Katze sanft ab und setzen Sie sie auf den Boden. Sagen Sie gleichzeitig „Nein". Vergessen Sie nicht, Ihren Stubentiger dafür zu loben, dass er darauf wartet, hochgehoben zu werden und nicht die Krallen in Ihr Bein schlägt.

Ist Ihre Katze älter, kann sie sich besser konzentrieren. Jetzt ist es an der Zeit, weitere Tricks einzustudieren. Das Training zielt nicht mehr auf die Erziehung der Katze ab, sondern soll Spaß und Abwechslung bringen. Die Katze ist auch geistig ausgelastet. Die Bindung zwischen Mensch und Katze wird verstärkt. Am schnellsten lernen Katzen mit einem Clicker-Training, das auf positiver Verstärkung beruht.

4. Clickertraining für Katzen

4.1 Heute schon geclickt?

Katzen haben ihren eigenen Kopf. Bevor sie eine Übung durchführen, müssen sie erst davon überzeugt werden. Mit Clickertraining ist es einfacher, die Zimmertiger zu motivieren. Sind die Katzen von dem Nutzen einer Übung überzeugt, machen sie gerne eifrig mit und lernen schnell. Auch wenn die Stubentiger wahrscheinlich der Ansicht sind, dass sie ihr menschliches Personal dazu erziehen, mit einem Clicker zu kommunizieren, was zählt, ist das Ergebnis: Spaß und Lernen für Katze und Mensch.

4.1.1 Einführung in das Clickertraining

Auch Katzen können erzogen werden. Mit der modernen Methode des Clickertrainings machen die Übungen den lernbegierigen Tieren sogar richtig Spaß. Mit einem Clicker kann das Zusammenleben von Katzen und Menschen wesentlich harmonischer gestaltet werden.

Die Basis des Trainings sind Lautsignale. Diese Wirkung dieser Signale wurde vor über 30 Jahren bei Versuchen bei Hunden entdeckt. Das „Pawlow´sche Signal" ist heute die Grundlage des Clickerns. Bei den Versuchen wurde Hunden Futter verabreicht, während gleichzeitig eine Glocke ertönte. Durch den Geruch des Futters begannen die Hunde verstärkt Speichel zu bilden. Nach mehreren Wiederholungen genügte bereits das alleinige Signal der Glocke, um den Speichelfluss anzuregen.

Nachdem sich der Clicker in der Erziehung von Hunden bewährt hat, wurde der Einsatz auch auf andere Tierarten ausgedehnt. Heute wird er bei der modernen Erziehung von Katzen ganz gezielt als Kommunikationshilfsmittel und Brücke zwischen der Sprache der Menschen und der Katzen eingesetzt.

Moderne Erziehung von Katzen funktioniert also nicht mehr über ständig wiederholte Befehle und Verbote. Im Gegenteil. Die Erziehung erfolgt über das Geräusch des Clickers, durch das erwünschte Verhaltensweisen verstärkt werden können.

Die Einsatzmöglichkeiten für den Clicker sind bei Katzen besonders vielfältig. Normales Training, schnelles Lernen kompliziert zusammengesetzter Übungen und die Beeinflussung des Verhaltens der Katze bei Verhaltensstörungen sind möglich. Mit dem Clicker Training können Stress, Ängste und Aggressionen abgebaut und ein glückliches Miteinander gezielt gefördert werden.

In den folgenden beiden Kapiteln erhalten Sie Informationen, wie das Lernen mit einem Clicker funktioniert und wie Sie die Reaktionen Ihrer Katze auf das Geräusch korrekt deuten können.

4.2 Die vier Lernschritte des Clickertrainings

Bei dem Clickertraining werden die klassische Konditionierung und die operante Konditionierung miteinander verbunden.

- Klassische Konditionierung: Ein Signal wird mit einer angenehmen Situation verbunden. Am Ende der Konditionierung löst ein neutraler Reiz eine Reaktion der Katze aus.

- Operante Konditionierung: Die Katze erwartet für eine ausgeführte Handlung eine Belohnung. Die Belohnung erfolgt über ein neutrales Signal.

Bei einem Clickertraining stellt das Geräusch des Clickers einen neutralen Reiz dar. Während der Konditionierungsphase verknüpft die Katze das Geräusch mit einer realen Belohnung, wie einem Leckerchen oder einer Schmuseeinheit.

Das Lernen bei dem Clickertraining ist in mehrere Schritte unterteilt:

4.2.1 Konditionierung

Am Anfang des Trainings steht immer die Konditionierung. Am besten führen Sie dieses Training zu zweit durch. Eine Person hält das Leckerchen bereit, die andere Person drückt den Clicker.

Achten Sie darauf, dass die Katze sich konzentrieren kann und nicht durch Geräusche in der Umgebung oder andere Tiere abgelenkt wird. Sprechen Sie Ihre Katze mit dem Namen an und zeigen Sie ihr das Leckerchen. Sobald der Click ertönt, erhält die Katze das Leckerchen. Die Belohnung muss innerhalb von ein bis zwei Sekunden erfolgen, damit Ihre Katze diese beiden Vorgänge verknüpfen kann. Der Click entspricht einem neutralen Markersignal, das für viele verschiedene Übungen eingesetzt werden kann.

Tipp: Die Belohnung sollte nicht das normale Futter, sondern ein besonderes Leckerchen sein. Gut eignen sich kleine, magere Fleischstücke oder Käse.

Wiederholen Sie diese Übung, aber denken Sie daran, dass die Katze sich nicht besonders lange konzentrieren kann. Das Training sollte maximal zehn Minuten lang dauern.

Es ist sehr wichtig, die Katze am Ende des Trainings immer mit einem Jackpot zu belohnen. Dieser kann aus einer Handvoll Leckerchen oder einer ausgedehnten Schmuseeinheit bestehen.

Die Dauer der Konditionierung ist individuell verschieden. Einige Katzen haben bereits nach drei bis vier Tagen eine Verknüpfung hergestellt, andere benötigen dafür bis zu drei Wochen. In dieser Phase ist es besonders wichtig, geduldig zu sein. Mit den folgenden Schritten darf erst begonnen werden, wenn eine stabile Konditionierung vorliegt.

Die lange Konditionierungsphase muss nur einmal durchgeführt werden. Später genügt eine kurze Auffrischung vor einer neuen Trainingseinheit.

4.2.2 Belohnung

Jetzt können Sie mit der ersten Übung beginnen (Beispiele dafür finden Sie im Kapitel 3.3). Immer, wenn Ihre Katze eine gewünschte und richtige Handlung ausführt, wird der Clicker gedrückt. Das Geräusch vermittelt der Katze, dass sie alles richtig gemacht hat und in Kürze eine Belohnung erhält. Da ihre Katze nicht in der Lage ist, sofort die gewünschte komplexe Übung auszuführen, muss diese in mehrere Schritte zerlegt werden. Jeder einzelne Schritt wird mehrmals ausgeführt und jedes Mal mit einem Click belohnt. Dazu dient der:

4.2.3 Schnappschuss

Sobald Ihre Katze den Ansatz eines Verhaltens zeigt, wird geclickt. Die Handlung wird dadurch verstärkt. Sobald das Verhalten bewusst wiederholt wird, kann der nächste Teilschritt der Übung in Angriff genommen werden. Die Belohnung einzelner Schritte wird auch als Schnappschuss bezeichnet.

4.2.4 Die Lenkung

Jedes erwünschte Verhalten der Katze wird mit dem Click belohnt. Als erste Übung wird meistens das Berühren eines Target-Stabes durchgeführt. Im ersten Schritt wird bereits die Annäherung der Katze an den auf dem Boden liegenden Stab mit einem Click verstärkt (Die genaue Beschreibung der Lenkung finden Sie bei den einzelnen Übungen in Kapitel 3.3).

Soll das Clickertraining zu Veränderung eines unerwünschten Verhaltens eingesetzt werden, kann dies nur indirekt erfolgen. Der Katze wird eine alternative Verhaltensweise angeboten. Das bereits vorhandene, unangenehme Verhalten wird ignoriert. Das erwünschte Verhalten wird mit einem Click verstärkt. Mit der Zeit erfolgt eine Umprogrammierung des Gehirns. Die Katze ersetzt das schlechte Verhalten durch das gute Verhalten.

Wichtig ist, dass in diesem Fall nie eine Bestrafung angewendet werden darf. Bestrafungen sind immer kontraproduktiv. Sie zerstören das vertrauensvolle Verhältnis zwischen der Katze und dem Halter. Der Wechsel des Verhaltens wird durch eine Strafe nicht positiv beeinflusst.

4.3 Wie lese ich meine Katze?

Während des Clickertrainings ist es sehr wichtig, auf die Reaktionen der Katze zu achten. Hat sie Spaß an der Übung oder ist sie gestresst und überfordert? Fühlt sie sich verunsichert und ängstlich, oder kann sie entspannt Neues lernen?

Dazu ist es wichtig, dass Sie die Sprache Ihrer Katze verstehen.

Katzen verständigen sich mit verschiedenen Methoden:

- Körpersprache
- Lautsprache
- Duftsprache

Für das Clickertraining ist vor allem die Körpersprache wichtig. Hier finden Sie die wesentlichsten Punkte, auf die Sie während des Trainings achten sollten:

Eine aufmerksame und konzentrierte Katze hat die Augen auf Sie gerichtet. Die Pupillen sind weit gestellt. Die Ohren sind aufgestellt und leicht nach vorne gekippt. Die Beine der Katze sind durchgestreckt.

Fühlt sich die Katze beunruhigt, beginnen die Vibrissen (Schnurrhaare) zu vibrieren. Der Mund ist leicht geöffnet, die Pupillen sind weit offen. Die Ohren bewegen sich, damit Gefahrenquellen schnell identifiziert und lokalisiert werden können. Die Schwanzspitze bewegt sich.

Ist Ihre Katze verärgert, ist ihr ganzer Körper angespannt. Die Ohren werden in Richtung des Rückens gelegt. Die Fellhaare werden aufgestellt. Der Schwanz peitsche von einer Seite zur anderen. Die Katze bereitet sich auf einen Angriff vor. Eventuell faucht sie oder legt sich auf die Seite und zeigt die Krallen.

Kurz vor dem Angriff werden die Ohren vollständig nach rückwärts angelegt, die Pupillen verengen sich.

Müde, entspannte Katzen legen sich in Brustlage oder Seitenlage auf den Boden. Die Beine werden ausgestreckt, die Augen sind halb geschlossen. Jetzt kann Ihre Katze keine weiteren Trainingsübungen mehr durchführen. Sie ist nicht mehr konzentriert und möchte ihre Ruhe haben.

5. Clicker-Spaß und Lernfreude

Katzen sind neugierig und wollen ihr ganzes Leben lang neue Dinge ausforschen und lernen. Bei Wohnungskatzen ist die Möglichkeit für neue Erlebnisse stark eingeschränkt. Abwechslung kann hier ein Clickertraining schaffen.

Das Geräusch des Clickers wird bei der Konditionierung für die Katze positiv verknüpft. Die Trainingsstunden beschäftigen Ihre Katze nicht nur körperlich, sondern auch geistig. Sie kann Probleme lösen und hat immer wieder ein Erfolgserlebnis. Das Training ist spannend und auch der Spaß kommt bei den gemeinsamen Übungen mit dem Katzenhalter nicht zu kurz. Die immer wieder erfolgende positive Verstärkung stärkt auch die liebevolle Beziehung zwischen Katze und Mensch. Der Clicker lässt keine Missverständnisse durch eine unterschiedliche Sprache aufkommen. Alles in allem ist das Clickertraining für Mensch und Katze eine Win-win-Situation, die einfach in den normalen Alltag integriert werden kann.

5.1 Terra incognita für Katze und Mensch

Katzen und Menschen sind sehr unterschiedliche Wesen. Sie besitzen eine unterschiedliche Sprache und vor allem eine unterschiedliche Denkweise. Daher kommt es häufig zu Missverständnissen während des Zusammenlebens. Damit das Clickertraining erfolgreich durchgeführt werden kann, muss bereits eine vertrauensvolle Basis zwischen Mensch und Katze vorhanden sein. Jeder sollte bereit sein, die Eigenheiten des anderen zu tolerieren und mit Respekt aufeinander zuzugehen. Auf diesem Gebiet bewegen sich Mensch und Katze oft auf einem unerforschten Terrain. Aber Vertrauen und Liebe sind gute Brücken, die eine Verständigung zwischen derart unterschiedlichen Lebewesen möglich machen.

Damit das Training gut funktioniert, sollten folgende Punkte beachtet werden:

Ein Click ist immer ein Versprechen. Mit dem Geräusch geht der Mensch einen Vertrag ein, seiner Katze bald eine Belohnung zu geben.

Ein Clicker ist keine Klingel, mit der die Katze gerufen wird. Setzen Sie den Clicker nur ein, wenn Sie ein Verhalten belohnen wollen.

Denken Sie immer daran, dass Katzen einen sehr empfindlichen Gehörsinn haben. Die Stubentiger hören Töne bis zu 65 000 Hertz. Die Tiere hören noch Töne, die fünfmal so hoch sind, wie die von Menschen wahrgenommen werden. Außerdem kann die Katze doppelt so gut hören wie ein Mensch. Auch während der Tiefschlafphasen ist das Gehör immer vollständig intakt. Stellen Sie sich vor, Sie clicken neben der Katze. Das Geräusch wirkt dann beängstigend und erschreckend laut. Deshalb sollten Sie immer einen eigenen Clicker für Katzen verwenden. Dieser ist leiser als ein Clicker für Hunde. Probieren Sie vor der Konditionierung immer aus, wie Ihre Katze auf das Geräusch reagiert. Zuckt Sie zusammen? Dann ist der Ton zu laut. Um den Clicker noch weiter zu dämpfen, können Sie den Click in einer Jackentasche ausführen.

Ein Clicker funktioniert nicht wie eine Fernbedienung. Sie müssen den Clicker nicht direkt auf die Katze richten und das Geräusch auslösen. Ihre Katze könnte das sogar als Angriff oder Bedrohung auslegen. Und schon ist die entspannte Situation vorbei.

Denken Sie immer daran, jeden noch so kleinen Fortschritt zu belohnen. Nur so bleibt der Spaß an dem Training erhalten und Ihr Stubentiger möchte sein volles Programm absolvieren.

Ein Training sollte auch nicht zu lange dauern, damit die Katze nicht überfordert wird und den Spaß daran verliert. Geübte Katzen halten manchmal zehn Minuten durch. Bei Neulingen sollte eine Trainingseinheit maximal sechs bis sieben Minuten dauern. Danach ist Entspannung angesagt. Besonders Katzenwelpen können sich nicht sehr lange konzentrieren. Hier ist häufig nur eine Übungslänge von zwei bis drei Minuten möglich.

Haben Sie immer Geduld und versuchen Sie nicht, das Ergebnis schneller durch Druck zu erreichen. Katzen reagieren auf Druck und Zwang empfindlich und beleidigt. Sie machen dann einfach bei den Übungen nicht mehr mit. Wenn Ihre Katze nicht mehr teilnehmen will, brechen Sie das Training ab. Versuchen Sie einfach am nächsten Tag, die Katze besser zu motivieren.

Jedes Training muss mit einem Ritual abgeschlossen werden, damit die Katze für ihre Teilnahme eine gesonderte Belohnung erhält. Wie das Ritual aussieht, ist von Katze zu Katze unterschiedlich. Sie können einen Jackpot hinlegen. Für diese Leckerchen muss die Katze keine Leistung erbringen. Einige Katzen bevorzugen Streicheleinheiten oder ein entspannendes Spiel. Versuchen Sie also immer möglichst viel über die Vorlieben Ihres Stubentigers herauszufinden. Je besser Sie Ihr Tier kennen, umso einfacher funktioniert das Training. Und Sie können die Terra incognita bald in ein bekanntes Gebiet umwandeln.

5.2 Die großen Meister der Nachahmung

Die Nachahmung von Verhaltensweisen hat in der Natur einen wesentlichen Anteil am Überleben der Art. Jungtiere lernen von den Eltern und werden Meister bei der Jagd oder im Verstecken. Parasitisch lebende Vögel, wie der Kuckuck, lernen nach dem Schlüpfen alles von ihren falschen Vogeleltern und können später ihre Eier leichter in dem entsprechenden Nest ablegen. Vor allem Katzen sind Meister der Meme. Ab der fünften Lebenswoche lernen die Katzenwelpen richtiges Verhalten durch die Beobachtung und Nachahmung der Mutter und der Geschwister. Sie beginnen, ihr Fell selber zu pflegen und eine Katzentoilette zu benutzen. Aber auch die Verhaltensweisen von Menschen werden imitiert. Je früher eine Katze Kontakt mit Menschen hat, umso besser kann sie sich später mit diesen verständigen. Die Sozialisation ist eben der Schlüssel zu einem erfolgreichen, glücklichen Katzenleben.

Bei der Nachahmung zeigt sich auch der Unterschied zu den Hunden. Hunde wurden von den früheren Menschen mit Essensresten gefüttert und genossen die Wärme des Feuers. Sie veränderten ihr Verhalten und passten es dem Menschen an.

Die Katze ist eher ein unabhängiges Erfolgstier. Sie war nicht an Resten interessiert, sondern an den Kornvorräten in den ägyptischen Kammern. Diese sicherten ihr durch die reichlich vorhandenen Mäuse genügend Nahrung. Auf diese Weise ist die Katze beim Menschen angekommen, hat sich aber ihr eigenes Wesen bewahrt. Trotzdem möchten die Stubentiger Sozialkontakte und Nähe. Sie brauchen Personal, das sie versorgt. Schließlich gehört auch spielen, schmusen und bürsten zu einem angenehmen Leben.

Damit sich die intelligenten Tiere besser mit den Menschen verständigen können, haben sie bestimmte Verhaltensweisen nachgeahmt. Sie ahmen Laute der Menschen nach und fühlen empathisch, dass das Schnurren dem Katzenhalter guttut. Um Aufmerksamkeit zu erlangen, legen sich die Katzen oft auf die Tastatur des Computers. Schließlich tippt der Mensch ja immer wieder für lange Zeit auf diesem Ding herum. Und wer kennt die Situation nicht, wenn er im Homeoffice arbeitet. Kaum wird mit der Arbeit begonnen, beansprucht der Stubentiger seinen Platz auf der Tastatur oder der Ablage.

Menschen stellen für die Katzen einen Ersatz für Katzenwelpen, Partner und Spielkameraden dar. Sie betteln durch Milch treten oder saugen an der Haut und der Kleidung um Futter und Streicheleinheiten. Katzen mit Freigang bringen kleine Geschenke, wie tote Vögel und Mäuse, nach Hause, um ihren Menschen zu versorgen.

Ist eine Katze beleidigt oder schüchtern, dreht sie dem Halter den Rücken zu. Sieht sie bei dem Menschen das gleiche Verhalten, beginnt sie sich anzunähern.

Katzen sind besonders empathische Lebewesen. Nicht umsonst stehen sie in dem Ruf, über einen sechsten Sinn zu verfügen. Diese Begabung hat aber auch Nachteile für die Katze. Sie imitiert das Verhalten des Katzenhalters und spiegelt seine Empfindungen wider. Aufgrund dieser im Nervensystem angesiedelten Spiegelneuronen kann immer wieder beobachtet werden, dass nervöse und gestresste Katzenhalter die Anspannung auf die Katzen übertragen. Einige Katzen leiden auch an den gleichen Erkrankungen wie ihre Halter.

Katzen ahmen aber nicht nur Menschen, sondern auch Gegenstände nach. Manchmal kann beobachtet werden, dass Katzen neben einer winkenden goldenen Glückskatze sitzen und die Bewegungen mit der Vorderpfote nachahmen.

Beobachtet eine Katze häufig, wie der Mensch eine Türe mit der Türklinke öffnet, wird sie diese Handlung ebenfalls nachahmen. Sie springt hoch und versucht die Türklinke nach unten zu drücken, damit sich die Türe öffnet.

Dieser Hang zur Nachahmung kann für das Clicker-training gut genutzt werden. Im gemeinsamen Spiel führt der Halter eine Handlung aus. Die Neugierde der Katze wird geweckt und sie beginnt, die Handlung nachzuahmen. Hat der Stubentiger dann immer auch eine Belohnung durch ein Erfolgserlebnis, steht dem Erlernen der Übung nichts mehr im Weg.

5.3 Und der Lohn für die ganze Mühe?

Katzen können nicht mit Strafen erzogen werden. Sie reagieren auf Druck nur mit Verweigerung. Das Vertrauensverhältnis zum Halter ist dauerhaft gestört. Darum ist es besonders wichtig, eine Methode zu finden, mit der auch Katzen leicht erzogen und trainiert werden können. Dazu eignet sich gut eine Erziehung durch Belohnung und Erfolg. Welche Form der Belohnung Sie bei Ihrer Katze anwenden, hängt von dem Charakter und den Vorlieben Ihres Stubentigers ab.

Bei der Belohnung mit Futter kommt es auf das richtige Leckerchen an. Bevorzugt die Katze Fleisch, Käse oder vielleicht andere Leckerbissen? Sie können auch Abwechslung in die Futterbelohnung bringen, indem Sie verschiedene Fleischsorten verwenden. Ein ganz spezielles Leckerchen ist immer das Superleckerchen. Diese Form der Belohnung erhält die Katze gegen Ende des Clickertrainings.

Aber nicht alle Katzen möchten mit Futter belohnt werden. Sie bevorzugen die menschliche Nähe und verlangen als Belohnung Zuwendung. Hier können Sie Schmuseeinheiten oder eine Massage mit einem Fellpflegehandschuh anbieten.

Eventuell schließen Sie an das Training auch ein spannendes Jagdspiel mit einer Katzenangel oder einem Laserpointer an. Vergessen Sie auch hier nicht die Belohnung am Ende des Spiels. Ihre Katze muss die Möglichkeit erhalten, die Beute zu erlegen.

Futterbälle sind als Belohnung nicht so gut geeignet. Der Halter ist aus dem Spiel mit dem Futterball ausgeschlossen. Die Katze belohnt sich durch das herausfallende Futter selber.

Damit das Clickertraining wirklich gut funktioniert, muss unbedingt auf den Click eine Belohnung folgen. Vergisst das der Katzenhalter, fragt sich die Katze nach einiger Zeit, warum sie überhaupt an dem Training teilnimmt. Ihr Verhalten bringt der Katze keinen persönlichen Vorteil. Ohne Belohnung wird sie das Training nach einiger Zeit einstellen und die Übungen verweigern. Ist eine Katze einmal demotiviert, kann sie nur mehr schwer wieder für Übungen begeistert werden.

Eine Belohnung entspricht einem Erfolgserlebnis. Ihre Katze kann die Verknüpfungen im Gehirn schneller herstellen und lernt auch schneller als eine Katze, die keine Belohnung erhält. Erfolgserlebnis ist eines der wichtigsten Prinzipien, um schnell zu lernen und gewisse Verhaltensweisen immer wieder zu wiederholen.

5.4 Ist Clickern für jede Katze geeignet?

Clickern ist nicht für jede Katze geeignet. Besteht noch kein gutes Vertrauensverhältnis zu dem Halter, wird sich die Katze nicht auf das Training einlassen. Zuerst muss also immer eine stabile Beziehung aufgebaut werden.

Ist die Katze noch sehr jung, kann sie sich nur für sehr kurze Zeit konzentrieren. Schließlich muss ja auch die Umgebung erst erkundet und entdeckt werden. Das erste Clickertraining ist also erst dann möglich, wenn der Mensch es schafft, die Aufmerksamkeit der Katze für zwei oder drei Minuten ausschließlich auf sich zu lenken. Eine Möglichkeit ist, zuerst mit einer spielerischen Form der Konditionierung zu beginnen. Hier wird besonders die starke Neugierde und fehlende Angst bei Katzenwelpen genutzt.

Auch bei Seniorkatzen kann ein Clickertraining problematisch sein. Die Übungen müssen dann speziell an das Alter der Katze angepasst werden.

Taube Katzen können ebenfalls nicht mit einem Clicker trainiert werden. Hier muss eine andere Methode gefunden werden, um die Aufmerksamkeit der Katze zu wecken und sie zu belohnen.

Ist die Katze nicht bereit, sich auf das Clickertraining einzulassen, sollte das unbedingt respektiert werden. Versuchen Sie zuerst, die eine starke und liebevolle Bindung aufzubauen. Mit viel Geduld können Sie nach einiger Zeit abermals versuchen, Ihrer Katze das Training schmackhaft zu machen.

5.5 Die Katze als Filmstar

Mit dem Clickertraining sind Tiere in der Lage, sehr schnell zu lernen. Deshalb wird diese Methode auch bei Katzen, die in Filmen oder Theaterstücken auftreten, für das Training angewendet.

Denken Sie nur an den Kater von Holly Golightly, gespielt von Audrey Hepburn, in Frühstück bei Tiffany. Der Kater wurde von der Katze Orangey gespielt. Sie wurde zweimal mit dem Patsy Award, einem Oskar für Tiere, ausgezeichnet.

In The Voices spielen ein Hund und eine Katze an der Seite von Ryan Reynolds. Mister Whisker hat es in dem Film faustdick hinter den Ohren.

Alle Filmleistungen von Katzen werden durch das Clickertraining mit Tiertrainern ermöglicht. Die Katzen lernen spezielle Kunststücke und werden dann für die Filme gebraucht. Um die Katzen zu motivieren und zu schützen, ist der Tiertrainer immer am Filmset mit dabei.

Katzen können mit dem Clickertraining auch für Vorstellungen in der Zirkusmanege begeistert werden. Ein gutes Beispiel hierfür ist die Zirkusnummer von Samantha Martin in Chicago. Auch wenn die Katzen nie vollständig berechenbar sind, ist ihr Auftritt immer ein Highlight.

6. Eine Abenteuerreise ins Spaß-Land

Bevor wir jetzt mit unserer Reise in das Clicker-land beginnen, liefert Ihnen dieses Kapitel noch einige Grundlagen, die vor dem Beginn des Trainings beachtet werden müssen. Gerade die Anfangsphase der Konditionierung gehört zu den schwierigsten Phasen. Fehler, die hier gemacht werden, können nur schwer wieder ausgemerzt werden. Und funktioniert die Konditionierung der Katze nicht, wird auch das Clickertraining nicht von Erfolg gekrönt sein.

6.1 Was muss ich vor dem Start beachten?

Bevor das Training mit der Katze beginnt, müssen einige wichtige Punkte geklärt werden.

Eignet sich die Katze von ihrem körperlichen und psychischem Zustand für Clickertraining?

Ist der Stubentiger vielleicht besonders geräuschempfindlich?

Wie laut ist der gewählte Clicker?

Wie reagiert die Katze auf das Geräusch?

Welcher Clicker soll bei den Übungen eingesetzt werden?

Welche Form der Belohnung bevorzugt die Katze?

Besteht bereits eine vertrauensvolle Bindung zwischen Katze und Mensch oder muss erst eine liebevolle und respektvolle Bindung aufgebaut werden?

Welche Ziele sollen mit dem Clickertraining erreicht werden?

Soll die Katze neue Tricks lernen und geistig ausgelastet werden?

Soll ein problematisches Verhalten verändert werden? In diesem Fall muss vor Beginn des Trainings ein geeignetes Ersatzverhalten ausgewählt werden.

Wie kann die Katze am besten zu der Teilnahme an dem Training motiviert werden?

In welche Lernschritte wird die Übungseinheit eingeteilt, um der Katze das Lernen zu erleichtern?

Bevor die Konditionierung startet, sollten die Menschen den Umgang mit dem Clicker üben. Am besten trainieren Sie den Umgang mit dem Clicker mit einer anderen Person, ohne die Katze einzubeziehen. Da der Click innerhalb weniger Sekunden nach dem Verhalten erfolgen muss, sollten Sie diesen Vorgang zuerst üben.

Verwenden Sie dazu den Clicker und einen Tennisball. Eine Person wirft den Ball auf den Boden und fängt diesen wieder auf. Sobald der Ball den Boden berührt, drücken Sie den Clicker. Mit dieser Übung können Sie die Geschwindigkeit Ihrer Reaktion verbessern und später schneller auf das Verhalten Ihrer Katze reagieren.

Vor der ersten Übung sollten Sie unbedingt überprüfen, ob die Konditionierung gut programmiert ist. Nur wenn die Konditionierung sitzt, haben die folgenden Übungsschritte auch Erfolg.

Wie können Sie überprüfen, ob die Konditionierungsphase abgeschlossen ist?

Sie haben mit Ihrer Katze schon mehrmals folgende Übung durchgeführt: Sie drücken den Clicker, gleichzeitig mit dem Geräusch erhält Ihre Katze von der zweiten Person das Leckerchen. Zu Beginn der Konditionierung können Sie beobachten, dass sich Ihre Katze stärker auf die Person mit dem Leckerchen konzentriert. Je stärker das Markersignal (Click) mit dem Leckerchen verknüpft wird, umso mehr wird sich Ihre Katze dem Clicker zuwenden. Ab einem gewissen Zeitpunkt konzentriert sich die Katze nur mehr auf Sie und den Clicker. Selbstverständlich muss der Stubentiger auch zu diesem Zeitpunkt bei jedem Click eine Belohnung erhalten. Denn der Click ist immer ein Versprechen, das unbedingt eingehalten werden muss.

6.2 Wann ist der richtige Click-Moment?

Damit die Katze mit dem Clicker trainiert werden kann, muss der Click immer im absolut richtigen Moment erfolgen. Die klassische Konditionierung des Clickertrainings verwendet die Verbindung eines neutralen Markersignals (Click) mit einer Belohnung (Leckerchen, Streicheleinheiten). Während des Trainings von Übungen wird diese Verknüpfung erweitert. Das neutrale Signal wird in ein konditioniertes Signal umgewandelt. Eine Verbindung zwischen einer Handlung und dem Click wird hergestellt. Durch den Click erwartet sich die Katze ein Erfolgserlebnis, also eine Belohnung.

Damit Ihre Katze das Markersignal mit dem Leckerchen verknüpfen kann, muss das Timing genau eingehalten werden. Die Verknüpfung findet nur dann statt, wenn das Signal und die Belohnung innerhalb eines Zeitraums von ein bis zwei Sekunden erfolgen. Sind Sie zu langsam, stellt die Katze keine Verbindung zwischen den beiden Geschehnissen her. Die Verknüpfung ist fehlgeschlagen. Je kürzer der Zeitraum zwischen Signal und Belohnung ist, umso schneller und stärker erfolgt die Konditionierung.

Praktische Durchführung der Konditionierung:

Legen Sie zehn bis 15 Leckerchen auf einen Teller. Lenken Sie die Aufmerksamkeit Ihrer Katze auf sich. Sobald Sie clicken, erhält die Katze von einer zweiten Person ein Leckerchen. Natürlich können Sie die Konditionierung auch alleine durchführen. In der Praxis hat es sich allerdings bewährt, diese Phase zu zweit durchzuführen.

Achten Sie darauf, dass Ihre Katze sich nicht für lange Zeit auf Sie konzentrieren wird. Normalerweise beträgt die Zeitspanne für die Konzentration bis zu 30 Sekunden. Das entspricht ungefähr dem Zeitraum, in dem Sie zehn Leckerchen verbrauchen. Jetzt ist kurz Entspannung und Ablenkung durch ein Spiel oder Schmusen angesagt. Dann versuchen Sie eine neue Einheit mit zehn Leckerchen. Die Übung für die Konditionierung sollte insgesamt die Dauer von sieben bis acht Minuten nicht überschreiten. Danach benötigt Ihre Katze eine Pause von mehreren Stunden, damit sich das Gelernte setzen kann.

Sie müssen die Konditionierung also an mehreren Tagen durchführen. Haben Sie Geduld. Einige Katzen lernen schneller als andere. Respektieren Sie das Lerntempo Ihrer Katze.

Nach vier bis fünf Tagen können Sie überprüfen, ob die Konditionierung abgeschlossen ist. Ihre Katze hat sich gerade von Ihnen abgewendet? Jetzt ist der richtige Moment für eine Überprüfung. Clicken Sie. Dreht sich Ihre Katze sofort um und schaut erwartungsvoll auf Sie und den Clicker, haben Sie Ihr Ziel erreicht. Die Phase der Konditionierung ist beendet.

Die erste Übung:

Jetzt können Sie sich dem nächsten Ziel zuwenden. Stellen Sie eine einfache Übung zusammen. Gut dafür geeignet ist eine Übung mit dem Target-Stick. Ziel ist, dass Ihre Katze den Stab in Ihrer Hand mit der Pfote berührt.

Die Übung muss in mehrere Schritte aufgeteilt werden.

Schritt 1: Legen Sie den Stab auf den Boden. Jetzt nutzen Sie die natürliche Neugierde der Katze. Sie wird sicher das neue Objekt bemerkt haben und es nach einiger Zeit untersuchen. Sobald sich die Katze dem Stab nähert und diesen vorsichtig mit der Pfote berührt, clicken Sie. Danach erhält Ihre Katze eine Belohnung.

Jetzt müssen Sie nur mehr Geduld haben. Jedes Mal, wenn die Katze den Stab berührt, clicken Sie.

Achten Sie darauf, dass die Übung nicht zu lange dauert und dass Sie immer wieder entspannende Pausen einlegen.

Wie überprüfen Sie, ob Ihre Katze Schritt eins beherrscht? Hat sich die Verknüpfung der Handlung mit dem Click gefestigt, wird Ihre Katze nicht mehr zufällig, sondern absichtlich den Stab mit der Pfote berühren. Sofort nach der Handlung schaut sie auf den Clicker, ob das Geräusch kommt.

Jetzt ist es Zeit, die Übung auszuweiten.

Schritt 2: Nehmen Sie den Stab in die Hand. Lenken Sie die Aufmerksamkeit Ihrer Katze auf den Stab, indem Sie diesen leicht bewegen. Sobald die Katze den Target-Stab mit der Pfote berührt, clicken Sie. Auch dieser Übungsschritt muss mehrmals durchgeführt werden, damit eine Verknüpfung erfolgt.

Schritt 3: Jetzt können Sie die Katze mit dem Target-Stab dazu motivieren, auf ein Kissen oder einen Stuhl zu springen. Belohnen Sie dabei jede Berührung des Stabes mit der Pfote. Die Übung kann beliebig erweitert werden.

Es ist besonders wichtig, dass die einzelnen Schritte hintereinander durchgeführt werden. Seien Sie geduldig und warten Sie immer die Reaktionen

Ihrer Katze ab. Eine zu schnelle Abfolge der einzelnen Schritte gefährdet den Erfolg der ganzen Übung. Die Katze hat kein Erfolgserlebnis und ist frustriert. Eventuell wird sie das Training sogar abbrechen und auch an den folgenden Tagen nicht mehr mitmachen.

Die Übung mit dem Target-Stab kann übrigens auch zu Give Five erweitert werden. Mehr dazu erfahren Sie im folgenden Kapitel.

6.3 Geeignete Übungen fürs Clickertraining

Bei den Übungen sind Ihrer Fantasie keine Grenzen gesetzt. Beginnen Sie mit einfachen Übungen und erweitern Sie diese mit der Zeit zu komplex aufgebauten Handlungen. Achten Sie immer darauf, die Übungen in genau strukturierte Teilschritte einzuteilen, damit Ihre Katze in der Lage ist, die einzelnen Schritte leicht zu lernen und der Spaß bei dem Clickertraining nicht zu kurz kommt.

6.3.1 Give Five

Ihre Katze beherrscht die Übung mit dem Target-Stab. Sehr gut. Dann können Sie jetzt den Stab durch Ihre Hand ersetzen.

Schritt 1: Zeigen Sie der Katze Ihre aufgestellte Handfläche. Deuten Sie mit dem Finger der anderen Hand auf Ihre Handfläche. Da die Katze neugierig ist und Ihre Handlungen gerne nachahmt, wird sie Ihre Hand berühren. Eventuell erfolgt das am Anfang mit der Schnauze.

Schritt 2: Ihre Katze berührt die Hand mit der Schnauze. Clicken Sie.

Zu Beginn der Übung sollten Sie immer Berührungen mit der Schnauze und der Pfote belohnen.

Schritt 3: Jetzt werden nur noch Berührungen der Handfläche mit der Pfote mit einem Click belohnt. Anfangs wird die Katze etwas verwirrt sein. Aber mit ihrer Intelligenz durchschaut sie die Übung sicher schnell. Sobald sie erkannt hat, dass nur noch Berührungen mit der Pfote durch einen Click belohnt werden, wird sie ausschließlich diese Berührungen durchführen.

Schritt 4: Jetzt verknüpfen Sie die Handlungen der Katze mit einem Wortsignal. Immer wenn die Katze Ihre Hand mit der Pfote berührt, clicken Sie und sagen gleichzeitig: Give Five.

Führen Sie Schritt drei Tage lang durch. Achten Sie auf entspannende Spiele in den Pausen, damit Ihre Katze nicht den Spaß an der Übung verliert.

Wie überprüfen Sie, ob das Wortsignal verknüpft wurde?

Halten Sie der Katze die Handfläche hin und sagen Sie Give Five. Berührt sie sofort Ihre Hand mit der Pfote, clicken Sie.

Jetzt müssen Sie die Übung nur mehrmals wiederholen, damit sich das gelernte Programm im Gehirn festsetzen kann. Durchschnittlich sind bis zu 1000 Wiederholungen notwendig, bis eine Übung wirklich von der Katze beherrscht wird.

Wichtig: Jeder Übungsschritt muss am Ende des Trainings mit einem Jackpot belohnt werden. Hier erhält die Katze eine Belohnung, für die sie nicht arbeiten muss.

6.3.2 Spring auf ein Podest

Hier können Sie, wie bei vielen anderen Übungen auch, wieder den Target-Stab einsetzen.

Schritt 1: Bauen Sie ein niedriges Podest und zeigen Sie mit dem Stab auf die Oberfläche. Sobald die Katze den Stab auf der Oberfläche berührt, clicken Sie.

Schritt 2: Ihre Katze will sicher das Podest untersuchen. Warten Sie, bis sie die Vorderpfoten auf das Podest stellt und clicken Sie. Diesen Schritt können Sie beschleunigen, indem Sie die Neugierde Ihrer Katze mit Katzenminze oder einem interessanten Spielzeug, das auf dem Podest liegt, wecken.

Schritt 3: Jetzt wird nur mehr geclickt, wenn die Katze mit allen vier Pfoten auf dem Podest steht.

Schritt 4: Verknüpfen Sie die Handlung mit einem Wortsignal, zum Beispiel Spring.

6.3.3 Spring durch einen Reifen

Schritt 1: Legen Sie einen Reifen auf den Boden und warten Sie, bis sich die Katze dem Reifen nähert, um ihn zu untersuchen. Sobald die Katze den Reifen berührt, clicken Sie.

Schritt 2: Halten Sie den Reifen in einer aufrechten Position. Berührt Ihre Katze den Reifen, clicken Sie.

Schritt 3: Sie wollen, dass die Katze durch die Öffnung des Reifens geht. Halten Sie den Reifen aufrecht, aber mit Bodenkontakt. Animieren Sie die Katze mit einem interessanten Spielzeug oder einem Leckerchen dazu, durch den Reifen zu steigen. Sobald die Katze ihre Scheu überwunden hat und durch den Reifen steigt, clicken Sie und geben ihr das Spielzeug.

Schritt 4: Halten Sie den Reifen einige Zentimeter über dem Boden. Animieren Sie die Katze wieder mit einem Spielzeug, durch den Reifen zu gehen. Diesmal muss der Stubentiger einen kleinen Sprung ausführen. Belohnen Sie die Aktion mit einem Click.

Schritt 5: Halten Sie den Reifen immer ein Stück höher, bis Sie das Ziel erreicht haben: Die Katze springt durch den Reifen.

Schritt 6: Verknüpfen Sie den Sprung mit einem Wortsignal Spring.

Wichtig: Das Erlernen jedes Schrittes kann mehrere Tage haben. Seien Sie geduldig und passen Sie Ihren Ehrgeiz dem Lerntempo Ihrer Katze an. Denken Sie immer an den Jackpot am Ende des Trainings.

6.3.4 Männchen machen

Viele Katzen machen aus eigenem Antrieb Männchen, wenn sie um Futter oder ein Spielzeug betteln. Nutzen Sie dieses Verhalten, um eine weitere Übung zu entwickeln.

Schritt 1: Zeigen Sie der Katze ein besonders begehrtes Spielzeug. Clicken Sie, sobald die Katze das Spielzeug berührt.

Schritt 2: Halten Sie das Spielzeug etwas höher und clicken Sie, wenn die Katze sich aufrichtet und das Spielzeug berührt.

Schritt 3: Halten Sie das Spielzeug so hoch, dass sich Ihre Katze vollständig aufrichten muss, um das Spielzeug zu erreichen. Clicken Sie, wenn sie das Spielzeug berührt.

Schritt 4: Halten Sie das Spielzeug außerhalb der Reichweite Ihrer Katze hoch. Clicken Sie, wenn die Katze sich aufrichtet.

Schritt 5: Verknüpfen Sie die Handlung mit dem Wortsignal Männchen. Immer wenn Ihre Katze auf den Hinterbeinen steht, sagen Sie Männchen und clicken.

Schritt 6: Lassen Sie das Spielzeug weg. Nutzen Sie das Wortsignal, damit sich die Katze aufrichtet und clicken Sie.

Mit dem Clickertraining können Sie sich viele verschiedene Übungen für Ihre Katze ausdenken. Der Stubentiger wird schnell lernen und auch mit Spaß bei der Sache sein.

Vor jeder Übung muss die jeweilige Handlung in möglichst kleine Schritte aufgeteilt werden. Durch viele kleine Schritte hat die Katze immer häufiger ein Erfolgserlebnis und wird das Training mit Befriedigung absolvieren.

Weitere Möglichkeiten für Übungen:

- Öffnen der Türe
- Laufen durch einen Tunnel
- Springen in einen Karton
- Verstecken unter einer Decke
- Slalom mit verschiedenen Hindernissen
- Bringen von Spielzeug
- Entdecken von Leckerchen in Laden oder Kartonrollen
- Springen in die Arme
- Hochklettern an den Beinen
- Einräumen von Spielzeug
- Skateboard fahren
- Balancieren
- Hängendes Klettern an einem dicken Seil

Das Clickertraining wird auch bei dem Training von Filmkatzen und Zirkuskatzen eingesetzt. Die Tiere lernen schnell durch die sanfte Methode und haben Spaß an ihren Handlungen. Machen Sie auch aus Ihrer Katze einen Clicker-Star.

6.4 Herausforderung Mehrkatzenhaushalt

Sie haben einen Mehrkatzenhaushalt und wollen gerne die Katzen mit einem Clickertraining geistig auslasten? Auch das ist möglich.

Am einfachsten funktioniert es natürlich, wenn die Katzen während der Konditionierung und des Trainings getrennt werden können. Leider ist das aus Platzmangel in den meisten Haushalten nicht möglich. Eine Alternative besteht in der Verwendung von Multiton-Clickern. Jede Katze wird auf ein eigenes Geräusch konditioniert. Da Katzen ein sehr feines Gehör haben, können sie die einzelnen Geräusche leicht unterscheiden.

Bei den ersten Trainingsschritten ist es oft auch hilfreich, wenn die Katzen, die gerade nicht trainiert werden, von einer anderen Person abgelenkt und beschäftigt werden. Dadurch kann das Training ungestört durchgeführt werden.

Der Clicker kann in den Mehrkatzenhaushalten sehr vielfältig eingesetzt werden. Die Katzen lernen abwechslungsreiche Übungen und haben Spaß. Bei Streitigkeiten unter den Katzen kann der Clicker zur Schlichtung beitragen. Das plötzliche Geräusch sorgt für Ablenkung. Die Katzen beenden den Streit und versuchen herauszufinden, woher

das Geräusch kommt. Dadurch erhält die unter-
legene Katze die Gelegenheit, sich in ein Versteck
zurückzuziehen.

Clickertraining in einem Mehrkatzenhaushalt sollte
nur von Personen durchgeführt werden, die bereits
über einige Erfahrung auf dem Bereich des Clickerns verfügen. Anfänger sollten sich in diesem
Fall für die ersten Übungen an einen erfahrenen
Tiertrainer wenden.

7. Endlich clickern!

In den vorigen Kapiteln haben Sie viel über die Theorie des Clickerns erfahren. Beispiel für Übungen haben Ihnen gezeigt, worauf Sie bei dem Training achten sollen. Jetzt ist es an der Zeit, die Übungen mit Ihrer Katze auszuprobieren.

7.1 Erste Konditionierung in der Verknüpfungsphase

Sie starten mit dem wichtigsten Schritt, der Konditionierung der Katze auf den Clicker. Diese Verknüpfungsphase ist die Basis für jedes weitere Training.

Wählen Sie die Leckerchen entsprechend den Vorlieben Ihrer Katze aus und starten Sie. Die ersten Trainingseinheiten sollten immer in einem ruhigen Raum stattfinden, in dem sich die Katze sicher und entspannt fühlt. Vergewissern Sie sich immer, dass die Katze nicht abgelenkt ist und sich voll und ganz auf sie konzentrieren kann.

Jetzt beginnen Sie mit dem Training der Verknüpfung wie in den vorigen Kapiteln beschrieben.

Leckerchen - Click

Leckerchen - Click

Nach jedem zehnten Leckerchen machen Sie eine
Pause und spielen entspannt mit der Katze oder
streicheln sie. Die Gesamtlänge der Übung sollte
acht Minuten nicht überschreiten. Bei Katzenwelpen beträgt die Dauer der Übung nur ein bis
zwei Minuten. Am nächsten Tag wird das Training
fortgesetzt.

Schaut die Katze bei dem Click auf Sie und den
Clicker und nicht mehr auf das Leckerchen, ist die
Verknüpfungsphase abgeschlossen.

7.2 Belohnung und Schmuseeinheit

Clickertraining ist eine Trainingsmethode, die ausschließlich auf dem Prinzip der Belohnung basiert. Seien Sie nicht enttäuscht, wenn eine Übung nicht sofort funktioniert. Und vor allem: Bestrafen Sie die Katze nicht, wenn Sie, Ihrer Meinung nach, etwas nicht richtig macht. Strafe löst nur Frustration aus. Die Katze wird sich weigern, an dem Training teilzunehmen.

Also: Belohnung, Belohnung, Belohnung. Denn Lernen am Erfolg ist immer am effektivsten.

Welche Art der Belohnung Sie wählen, muss sich nach den Vorlieben der Katze richten. Das können Leckerchen, Spieleinheiten oder Streicheleinheiten sein. Sie können auch abwechselnd verschiedene Arten von Belohnungen bei dem Training einsetzen. Wichtig ist, dass Sie jedes zufällige und absichtliche erwünschte Verhalten der Katze belohnen. Bei einigen Übungen muss die Katze zusätzlich durch Locken mit Spielzeug oder einem Leckerchen zu einer bestimmten Handlung animiert werden. Dazu gehören zum Beispiel der Sprung durch einen Reifen oder das Laufen durch einen Tunnel.

Mit der richtigen Belohnung kann die Katze jede Übung problemlos erlernen. Und nicht auf den Jackpot am Ende der Übungseinheit vergessen!

7.3 Spaß beim Target-Training

Für viele Übungen bildet das Target-Training die Basis. In Kapitel 3.2 Die erste Übung wurde genau beschrieben, wie Sie mit der Katze ein Target-Training beginnen. Ist die Berührung des Stabes einmal mit dem Click fest verknüpft, können Sie das Target-Training beliebig erweitern und auch für alltägliche Situationen nutzen.

Ihre Katze geht nicht gerne in einen Transportkorb, weil sie mit der Box unangenehme Situationen beim Tierarzt verknüpft. Trainieren Sie den Einstieg in die Transportbox mit einem Target-Stab. Nach dem Training wird der Transport der Katze wesentlich stressfreier für den Stubentiger ablaufen.

Schritt 1: Legen Sie einige Leckerchen in den auf dem Boden stehenden Transportkorb. Die Einstiegstüre sollte vor den Übungen, wenn möglich, entfernt werden. Deuten Sie mit dem Stab in den Korb. Sobald sich die Katze der Transportbox nähert, wird sie mit einem Click belohnt.

Schritt 2: Jetzt clicken Sie nur mehr, wenn die Katze zumindest mit den Vorderpfoten die Box betritt.

Schritt 3: Die Katze geht vollständig in die Box. Clicken Sie und geben Sie ihr Leckerchen.

Schritt 4: Sie hängen die Einstiegstüre wieder ein. Die Katze geht in den Korb. Clicken Sie. Schließen Sie die Türe für einen kurzen Moment und clicken Sie erneut.

Öffnen Sie die Türe sofort wieder. Verlängern Sie langsam die Zeit, die die Box geschlossen bleibt. Sollte Ihre Katze unruhig reagieren, öffnen Sie die Türe immer sofort.

Schritt 5: Wenn sich die Katze entspannt in dem geschlossenen Käfig aufhält, können Sie diesen hochheben.

Das Target-Training wird auch als Basis für Give Five, Sprünge auf erhöhte Plätze oder durch Reifen und für den Hindernis-Slalom oder das Laufen durch einen Tunnel genutzt. Wichtig bei dem Target-Training ist immer, dass der Spaß an der Übung im Vordergrund steht.

7.4 Shaping oder die Wahl der Belohnung

Shaping bildet neben der klassischen Konditionierung eine weitere Basis des Clickertrainings. Durch diesen Vorgang wird die klassische Konditionierung durch die operante Konditionierung ergänzt.

Während des Clickertrainings erlernt die Katze in genau vorher festgelegten, kleinen Schritten die Übung. Was bedeutet hierbei Shaping? Sobald Ihre Katze einen kleinen Teil des gewünschten Verhaltens zeigt, wird dieser Teilschritt mit einem Click belohnt. Falsches Verhalten wird während des Trainings ignoriert. Die Katze wird sich schnell für das Verhalten, das für sie ein Erfolgserlebnis bedeutet, entscheiden. Das erwünschte Verhalten wird immer öfter und stärker auftreten, bis die Katze es schließlich absichtlich ausführt. Langsam steigen die Anforderungen an die Katze. Sie muss das erwünschte Verhalten immer weiter ausbauen, damit Sie eine Belohnung und einen Click erhält.

Katzen sind sehr intelligente Tiere. Sie durchschauen schnell, warum sie bei gewissem Verhalten eine Belohnung erhalten und reagieren auch schnell darauf. Da sie gerne eine Belohnung erhält, wird sie immer wieder das erwünschte Verhalten ausführen. Jetzt hat die operante Konditionierung stattgefunden.

Wichtig ist, dass sich die Katze selbst für das Verhalten entscheiden kann. Denn: Clickertraining bedeutet immer ein partnerschaftliches Training. Hier ist keiner der Chef, der Befehle erteilt, die befolgt werden müssen. Jede Handlung basiert auf absoluter Freiwilligkeit. Shaping dient nur dazu, das freiwillige Verhalten zu verstärken.

7.5 Capturing und Signale

Neben dem Shaping und dem Target-Training ist noch eine weitere Trainingsform, das Capturing, beim Clickertraining von Bedeutung. Hier wird ein Verhalten, das eine Katze immer schon gezeigt hat, eingefangen und verstärkt. Das bedeutet, natürliche, bereits vorhandene Verhaltensweisen werden verstärkt und können so auch durch ein Signal abgerufen werden. Für diesen Teil des Trainings benötigen Sie besonders viel Geduld, da Sie warten müssen, bis das Verhalten zufällig auftritt.

Wie können Sie den ersten Schritt beim Capturing durchführen?

Stecken Sie den Clicker und einige Leckerchen ein. Ignorierer Sie Ihre Katze und beschäftigen Sie sich in der Wartezeit mit anderen Dingen. Behalten Sie dabei die Katze aber immer im Auge. Sobald zufällig das gewünschte Verhalten auftritt, clicken Sie und belohnen die Katze mit einem Leckerchen.

Für welche Übungen kann Capturing verwendet werden?

Ein gutes Beispiel für dieses Training ist eine Komm-Übung:

Sie sitzen auf dem Sofa und warten, bis Ihre Katze zu Ihnen kommt. Clicken Sie sofort und geben Sie der Katze ein Leckerchen. Dann stecken Sie den Clicker wieder weg. Jedes Mal, wenn die Katze sich Ihnen nähert, clicken Sie und belohnen Sie den Stubentiger. Nach einiger Zeit wird die Katze immer wieder bei Ihnen vorbeigehen, um eine Belohnung zu erhalten. Sobald Sie den Eindruck haben, dass Ihre Katze bewusst zu Ihnen geht, können Sie beginnen, das Verhalten mit einem Wortsignal zu verknüpfen. Das Signal sollte nur aus einem Wort, das sonst nicht verwendet wird, bestehen. Jedes Mal, wenn die Katze kommt, clicken Sie und nutzen gleichzeitig das Wortsignal.

Nach vielen Wiederholungen können Sie überprüfen, ob das Wortsignal mit dem Verhalten der Katze verknüpft wurde. Nutzen Sie das Wortsignal. Unterbricht die Katze ihre Tätigkeit und kommt sofort, clicken Sie und geben Sie Ihrer Katze eine Belohnung. Eine stabile Verknüpfung hat stattgefunden.

Für das Capturing gelten einige besondere Bedingungen. Hier kann die Zeit der Trainingseinheit nicht genau in Minuten festgelegt werden, da Sie darauf angewiesen sind, das Verhalten der Katze abzuwarten.

Schlusswort

Jetzt sind Sie am Ende des Buches angelangt. Das Buch hat das Zusammenleben mit Ihrer Katze neu gestaltet und bereichert. Sicher haben Sie auch schon einige der Übungen mit Ihrer Katze ausprobiert. Sie haben dabei viel über ihr Wesen und ihre Bedürfnisse erfahren. Zahlreiche Anregungen ermöglichen es Ihnen, das Training abwechslungsreich und interessant zu gestalten. Ich wünsche Ihnen und Ihrem Stubentiger noch weiter viel Spaß mit dem Buch. Danke, dass Sie sich dafür entschieden haben, dieses Buch zu kaufen und zu lesen!